Ernst Probst

Neues vom Ur-Rhein

Interview mit dem Geologen und Paläontologen Dr. Jens Sommer

Ernst Probst

Neues vom Ur-Rhein

Interview mit dem Geologen und Paläontologen Dr. Jens Sommer

GRIN Verlag

Bibliografische Information der Deutschen Nationalbibliothek: Die Deutsche Bibliothek verzeichnet diese Publikation in der Deutschen Nationalbibliografie; detaillierte bibliografische Daten sind im Internet über http://dnb.d-nb.de/ abrufbar.

1. Auflage 2011
Copyright © 2011 GRIN Verlag
http://www.grin.com/
Druck und Bindung: Books on Demand GmbH, Norderstedt Germany
ISBN 978-3-656-09065-6

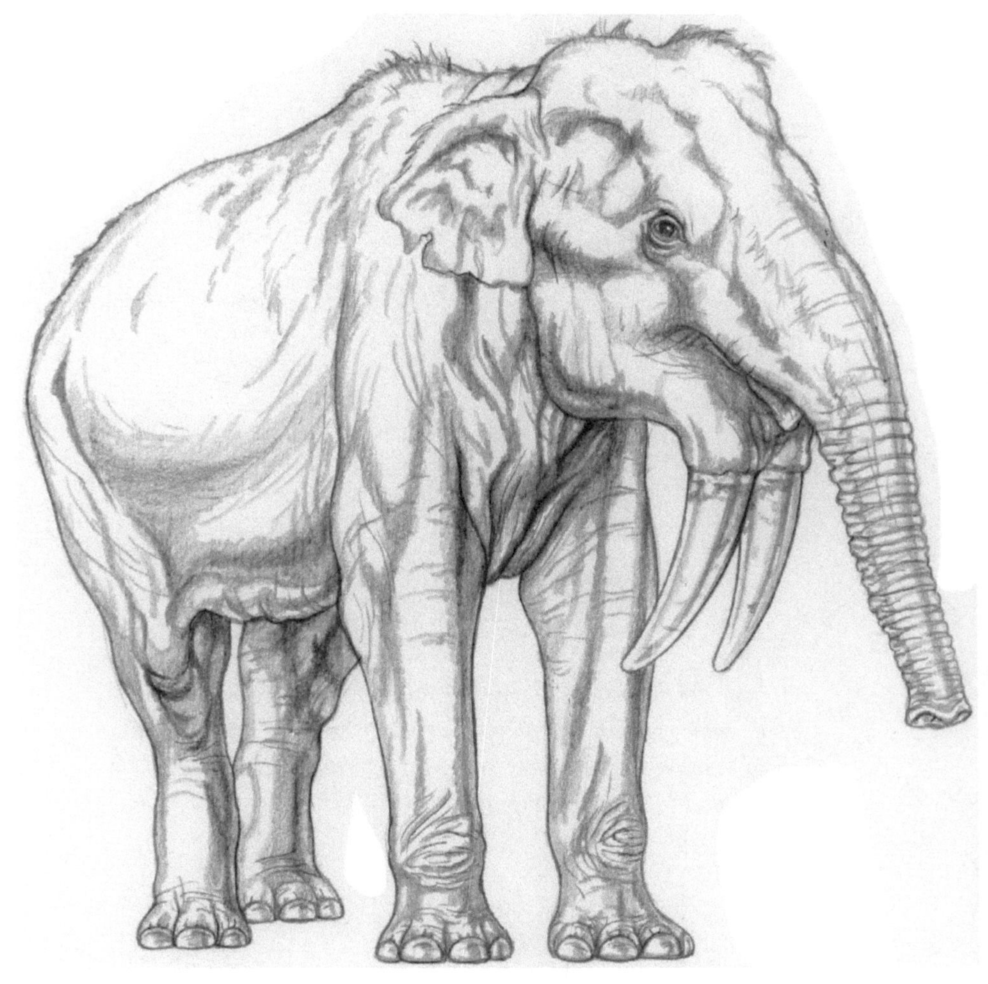

Rhein-Elefant (Deinotherium giganteum),
Zeichnung von Pavel Major, Prag

Als eine der frühesten Rekonstruktionen einer vorzeitlichen Landschaft und Tierwelt gilt diese Zeichnung auf dem Titelblatt des 1836 erschienenen Werkes von August von Klipstein (1801–1894) und Johann Jakob Kaup (1803–1873).

Ernst Probst

Neues vom Ur-Rhein

Interview
mit dem Geologen und Paläontologen
Dr. Jens Sommer

Johann Jakob Kaup (1803–1873),
Darmstädter Paläontologe

Gewidmet:

Dr. Jens Lorenz Franzen,
Paläontologe in Titisee-Neustadt,
langjähriger Mitarbeiter
am Forschungsinstitut Senckenberg in Frankfurt am Main,
Wiederentdecker der Dinotheriensand-Fundstelle
und Begründer der ersten wissenschaftlichen Grabungen
bei Eppelsheim

Heiner Roos,
Altbürgermeister von Eppelsheim,
dessen Idee und Initiative
das Dinotherium-Museum in Eppelsheim
zu verdanken ist

Johann Jakob Kaup (1803–1873),
Darmstädter Paläontologe,
mit dem die Erforschung der Säugetierfauna
aus den Dinotheriensanden bei Eppelsheim
einst angefangen hat

Inhalt

Luftbild der Grabungsstelle „Auf dem Alzeyer Weg" bei Eppelsheim von 1999. Diese Aufnahme entstand während eines Fluges des Paläontologen Jens Lorenz Franzen vom Forschungsinstitut Senckenberg in Frankfurt am Main mit einem Heißluftballon.

Vorwort

Rätselhafter Fluss

Ein Interview mit dem Geologen und Paläontologen Dr. Jens Sommer ist das Thema des Taschenbuches „Neues vom Ur-Rhein". Die Fragen über diesen Fluss, der noch manches Rätsel aufgibt, stellte der Wiesbadener Wissenschaftsautor Ernst Probst. Dr. Jens Sommer ist der Autor der Doktorarbeit „Sedimentologie, Taphonomie und Paläoökologie der miozänen Dinotheriensande von Eppelsheim/Rheinhessen" (2007). Er gilt als Kenner des Ur-Rheins, der vor etwa zehn Millionen Jahren fern von Mainz durch Rheinhessen floss und dort seine Ablagerungen, die so genannten Dinotheriensande, hinterließ. Ernst Probst hat von 1986 bis heute rund 200 Bücher, Taschenbücher, Broschüren und E-Books veröffentlicht. Etliche seiner Werke befassen sich mit dem Ur-Rhein und exotischen Tieren an dessen Ufer wie Rhein-Elefanten, Menschenaffen, Krallentiere und Säbelzahntiger.

Neues vom Ur-Rhein

Interview mit dem Geologen und Paläontologen
Dr. Jens Sommer

Schlämmarbeiten 2005 an der Grabungsstelle im Gewann „Auf dem Alzeyer Weg" bei Eppelsheim. Im Vordergrund der Geologe und Paläontologe Jens Sommer, der Autor der Doktorarbeit „Sedimentologie, Taphonomie und Paläoökologie der miozänen Dinotheriensande von Eppelsheim/Rheinhessen" (2007)

Foto auf Seite 13:

Der Paläontologe Jens Lorenz Franzen aus Titisee-Neustadt, früherer langjähriger Mitarbeiter am Forschungsinstitut Senckenberg in Frankfurt am Main, ist der Wiederentdecker der verschollenen Fossilfundstelle bei Eppelsheim unter acht Meter mächigen Deckschichten und Begründer der ersten wissenschaftlichen Grabungen dort. Er leitete Grabungen in Eppelsheim und Dorn-Dürkheim in Rheinhessen, untersuchte und beschrieb Fundstellen und Funde. Kein anderer Wissenschaftler hat so lange und so intensiv in den Ablagerungen des Ur-Rheins gegraben wie er. Maßgeblich war er auch am Aufbau des Dinotherium-Museums in Eppelsheim beteiligt.

Der Gießener Mineraloge August von Klipstein begrüßte 1835 mit einer Flasche Wein in der Hand in einer Sandgrube bei Eppelsheim die Entdeckung des Oberschädels des Rhein-Elefanten Deinotherium giganteum („Riesiges Schreckenstier"). Sein Freund Johann Jakob Kaup aus Darmstadt stand derweil in der Grube und überwachte die schwierige Bergung des Fossils, an der sich 24 kräftige Männer beteiligten.

Frage: Herr Dr. Sommer, Ihre Doktorarbeit über die rund zehn Millionen Jahre alten Ablagerungen des Ur-Rheins bei Eppelsheim, die so genannten Dinotheriensande, spiegelt den neuesten Wissensstand hierüber wieder. Wie und wann kamen Sie auf die Idee, sich diesem Thema zu widmen?

Antwort: Mein Interesse galt schon immer den tertiären Säugetieren. Als Student der Geologie/Paläontologie absolvierte ich im Jahr 2000 mein Praktikum an der Grabungsstelle bei Eppelsheim unter der Leitung von Dr. Jens Lorenz Franzen. Während dieser Zeit gelang mir ein bedeutender Fund, worauf mich Dr. Franzen bat, doch über eine Doktorarbeit über die „Dinotheriensande" nachzudenken. Im Jahre 2001 verbrachte ich meinen Urlaub als Grabungshelfer an der Grabungsstelle bei Eppelsheim wo ich Dr. Ottmar Kullmer vom Forschungsinstitut Senckenberg kennen lernte. Auch er legte mir diesen Vorschlag nahe. Unter seiner Betreuung begann ich mit meiner Arbeit am 6. Januar 2002.

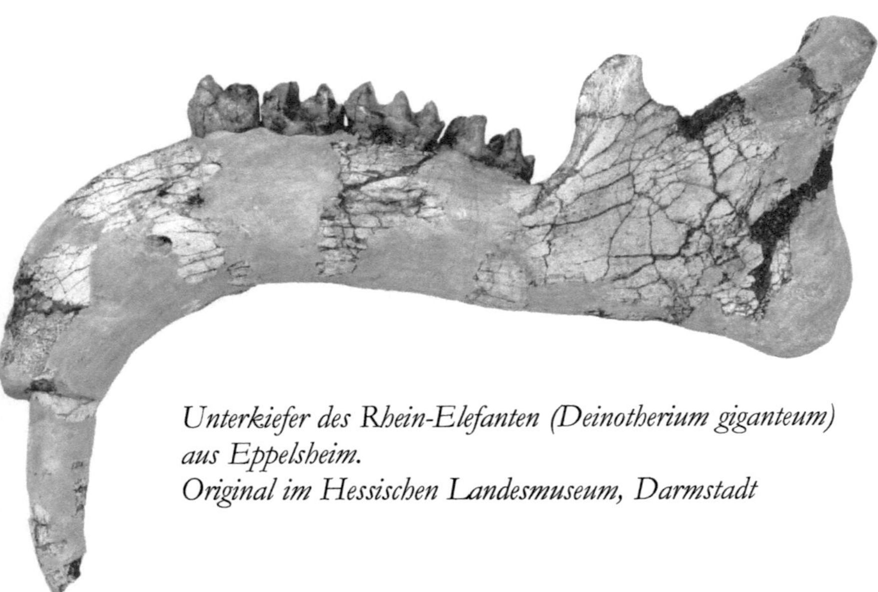

*Unterkiefer des Rhein-Elefanten (Deinotherium giganteum)
aus Eppelsheim.
Original im Hessischen Landesmuseum, Darmstadt*

Frage: Die Dinotheriensande heißen so, weil sie Zähne und Knochen des bis zu 3,60 Meter hohen Rhein-Elefanten (Dinotherium giganteum) enthalten. Ist dieser Begriff heute noch berechtigt?

Antwort: Wie heute waren die Dinotherien auch früher schon äußerst interessante und ungewöhnliche Tiere. Die Ablagerungen, in denen sie gefunden wurden, hat man verständlicherweise nach ihnen benannt. Da Funde von Pferden (früher *Hipparion*, heute *Hippotherium*) in den Dinotheriensanden recht häufig sind, wurde früher auch erwogen, die Ablagerungen „Hipparionsande" zu bezeichnen. Auch die Bezeichnung „Eppelsheimer Sande" wurde schon früher diskutiert. Heute werden diese berühmten Ablagerungen als „Eppelsheimer Formation" deklariert.

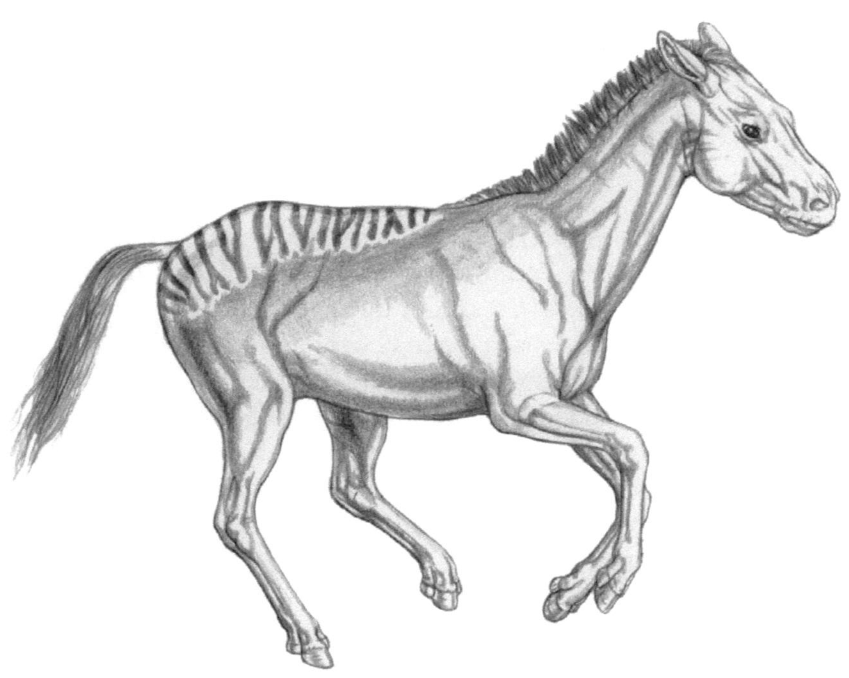

Weil in den Ablagerungen des Ur-Rheins
oft Reste vom Pferd Hippotherium (früher Hipparion genannt)
gefunden wurden, hat man früher erwogen,
sie als „Hipparionsande" zu bezeichnen.
Zeichnung von Pavel Major, Prag.

Frage: Bei der Lektüre Ihrer Doktorarbeit über die Dinotheriensande fällt einem bald auf, dass damit ein ungeheuer großer Arbeitsaufwand verbunden war. Welche Aktivitäten haben Sie am meisten Zeit gekostet?

Antwort: Der zeitliche Rahmen dieser Doktorarbeit erstreckte sich vom 6. 1. 2002 bis zur Prüfung am 5. 9. 2007. Die praktische Datenaufnahme habe ich im Frühjahr 2006 beendet und mich dann der schriftlichen Arbeit gewidmet. Für die 10.165 Gerölle, die ich bestimmt und vermessen habe, brauchte ich „nur" 3 Wochen. Den größten Arbeitsaufwand benötigte ich für die 9.483 fossilen Wirbeltierfragmente aus den Dinotheriensanden in Rheinhessen und die sedimentologischen Profilaufnahmen an der Grabungsstelle bei Eppelsheim. Für die einzelnen fossilen Wirbeltierfragmente in den historischen Sammlungen und der aktuellen Grabung in Eppelsheim wurden – wenn möglich – folgende Daten ermittelt: Inventarnummer, Fundbestimmung, Fundort, Fundmenge, Abkauungsgrad der Zähne, Abrollungsgrad, Bruchmuster, Mindestanzahl von Individuen und ihr Altersspektrum, Oberflächenmarken und Fundfarbe. Mit den Daten der Gerölle ergibt dies über 100.000 Messdaten.

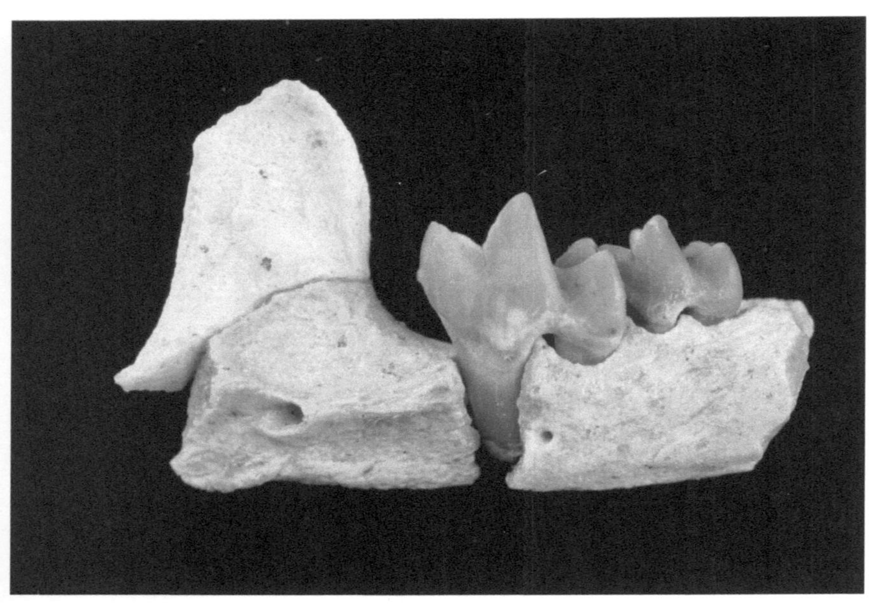

2000 bei Grabungen im Gewann „Auf dem Alzeyer Weg" bei Eppelsheim entdeckt: Unterkiefer des spitzmausähnlichen Insektenfressers (Plesiosorex roosi), dessen Artname sich auf Altbürgermeister Heiner Roos aus Eppelsheim bezieht

Frage: Sie haben an wissenschaftlichen Grabungen bei Eppelsheim (Kreis Alzey-Worms) in Rheinhessen teilgenommen. Ist Ihnen dabei ein wichtiger Fund geglückt?

Antwort: Ja, am Morgen meines dritten Praktikumstages habe ich im Grobsieb an der Schlämmanlage ein kleines Fragment eines Unterkiefers mit einem Zahn gefunden. Die fertig geschlämmte Probe wurde zum Trocknen auf einer großen Folie verteilt und bis zum Abend von mir mit einer Lupe und einem kleinen Pinsel durchgesehen. Dabei fand ich zwei weitere kleine Unterkieferbruchstücke und einen weiteren Zahn, welche alle zu einem Fragment zusammen passten. Wie sich herausstellte, handelte es sich um ein Unterkieferfragment eines Kleinsäugers *(Plesiosorex roosi)*. Dies war der erste Kleinsäugerfund in den Dinotheriensanden überhaupt. Kleinsäugerfunde sind sehr wichtig, da sie einen sehr schnellen Generationswechsel haben und somit für die zeitliche Einordnung der Fundstelle sehr wichtig sind. Nebenbei fand ich in dieser durchgesehenen Probe noch ein Schildkrötenfragment (*Trionyx* sp.) und, wie sich erst später herausstellte, erstmalig einen Fund eines Maulwurfes *(Talpa vallesensis)* in Form eines Humerus (Oberarmknochen). Bedingt durch ihre grabende Tätigkeit sind diese Oberarmknochen besonders kräftig im Knochenbau.

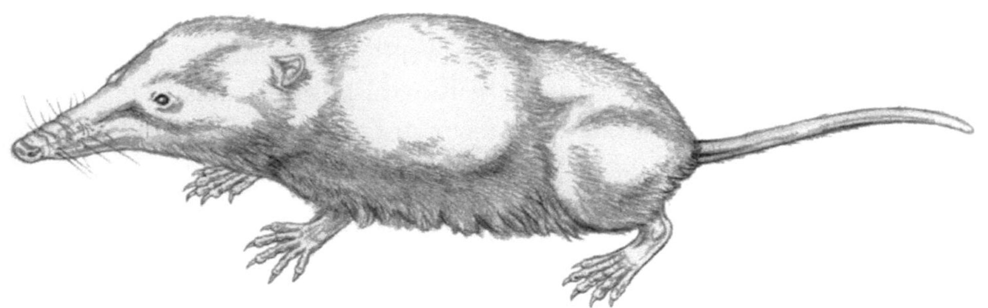

Spitzmausartiger Insektenfresser (Plesiosorex roosi),
Lebensbild von Pavel Major, Prag

Maulwurf (Talpa vallesensis),
Lebensbild von Pavel Major, Prag

Grabung des Naturhistorischen Museums Mainz / Landessammlung für Naturkunde Rheinland-Pfalz im Gewann „Auf dem Alzeyer Weg" bei Eppelsheim im Herbst 2008

Frage: Hat man bei den Grabungen in Eppelsheim neue Erkenntnisse über den Ur-Rhein gewonnen?

Antwort: Bisher hatte man immer spekuliert, wie es zu dieser Anhäufung von Wirbeltierresten kam. Bei meinen Forschungen zeigte sich, dass die fossilen Skelettreste größtenteils zerbrochen waren. Da sie in einem Flusslauf abgelagert wurden, habe ich sie auf Abrollungsspuren untersucht. Auch dies bestätigte sich. Bedingt durch meine praktische Grabungsarbeit bei Eppelsheim in den Jahren 2000 bis 2005 hatte sich gezeigt, dass alle Funde in den Dinotheriensanden nicht im Skelettverband gemacht wurden. Überwiegend waren die Funde einzeln abgelagert worden, ausgenommen im Strömungsschatten größerer Objekte, wie der große Kalkklotz im Grabungsbereich von Eppelsheim, wo die Wirbeltierreste gehäuft und durchmischt, aber nicht im Skelettverband abgelagert wurden. Auch habe ich alle Funde aus allen bekannten Fundlokalitäten in Rheinhessen in den historischen Sammlungen verglichen und herausgefunden, dass sie vom Erhaltungszustand (Bruchmuster, Abrollungsgrad, Farbe) fast identisch sind. So zeigte sich mir im Grabungsbereich bei Eppelsheim, dass die Wirbeltierreste schwerpunktmäßig in drei Fossilhorizonten abgelagert wurden. Wilhelm Wagner beschrieb 1946 und 1947 am Wissberg bei Gau-Weinheim drei Fossilhorizonte im fast identischen Höhenniveau wie in Eppelsheim. Oberflächenspuren von

Insekten und Raubtieren (Nagespuren, Bissspuren) deuteten auf eine längere Liegezeit der Tierkadaver, Skelette oder Teilskelette vor ihrer Sedimentation im Ur-Rhein hin.

Alle diese Fakten geben folgendes Bild wieder: Der eigentliche Fluss hatte sich im Laufe der Zeit in den kalkigen Untergrund eingearbeitet und floss tektonisch bedingten Störungen und Schwächezonen entlang. Durch zeitweilige stärkere Strömung (z. B. durch Frühjahrshochwasser) und dem dadurch resultierenden breiteren Flussbett wurde das aus dem Süden mitgeschwemmte Material aus dem Uferbereich des Ur-Rheins in Form von Geröllen, Wirbeltierresten (Abrollungsgrad, Bruchmuster), Tonlinsen und Sande bei Strömungsrückgang im Flussbett, vorzugsweise in drei Fossilhorizonten, abgelagert. Durch die Hebung Rheinhessens oder die Einsenkung des Oberrheingrabens ist der Ur-Rhein nach Nordosten in seine heutige Lage gewandert, während der alte Verlauf verlandet ist. Die geologische Entwicklung des Ur-Rheins im Bereich Eppelsheim ist offenbar charakterisiert durch die Einwirkung von Sedimentation, tektonischer Hebung, Verkarstung und Erosion.

Grabung des Naturhistorischen Museums Mainz / Landessammlung für Naturkunde Rheinland-Pfalz im Gewann „Auf dem Alzeyer Weg" bei Eppelsheim im Herbst 2008

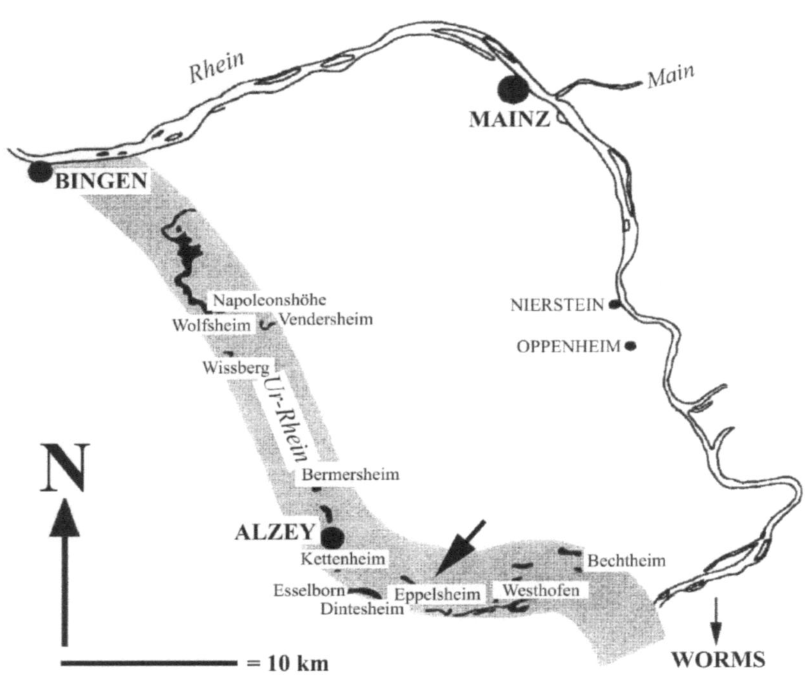

Dinotheriensand-Fundorte und Rekonstruktion des Verlaufes des Ur-Rheins in Rheinhessen. Zeichnung von Christine Hemm-Herkner nach einer Vorlage des Paläontologen Jens Lorenz Franzen (zum Teil nach Heinz Tobien 1980 und Joachim Bartz 1936)

Frage: Der Ur-Rhein floss vor etwa zehn Millionen Jahren nicht durch die Gegend von Mainz und Wiesbaden, sondern westlich davon über die Gegend von Alzey auf die Binger Pforte zu. Weiß man, wie breit und tief dieser Fluss war und ob er Nebenarme hatte?

Antwort: Bei den Grabungen bei Eppelsheim zeigte sich, dass der Flusslauf in diesem Bereich eine Breite von etwa 45 bis 60 Meter erreichte. Er war nicht besonders tief, hatte aber mit Sicherheit in diesem kalkigen Untergrund (Verkarstung) einige Nebenarme. Die Zusammensetzung der Ablagerungen, insbesondere die drei Fossilhorizonte, zeigen, dass der Ur-Rhein bei Hochwasser, z. B. im Frühjahr, wesentlich breiter gewesen sein muss. Dies kennen wir auch vom heutigen Rheinverlauf. Nur damit ist zu erklären, warum so viele Skelettreste und Gerölle aus dem Umland zusammengeschwemmt und schwerpunktmäßig im Flusslauf, nachdem die Strömungsgeschwindigkeit zurück ging, abgelagert wurden.

Foto auf Seite 31:

Die Wiederentdeckung der Fossilfundstelle bei Eppelsheim im Gewann „Auf dem Alzeyer Weg" gelang 1996 dem Paläontologen Jens Lorenz Franzen, was in der Fachwelt für Aufsehen sorgte. Nach geologischen Voruntersuchungen, Befragungen und schließlich Bohrungen fand er unter acht Meter mächtigen Deckschichten die verschollene Fundstelle wieder. Trotz aller Vorüberlegungen war ihm bange zumute, als er vor dem ausgebaggerten, zehn Meter tiefen Loch stand, und es keinerlei Garantie gab, darin etwas zu finden. Obiges Luftbild der Grabungsstelle im Gewann „Auf dem Alzeyer Weg" bei Eppelsheim entstand im Sommer 1998 bei einem Flug von Diplom-Ingenieur Ansgar Hemm, der damals in Usingen / Taunus lebte. Bei den unregelmäßigen hellen Flecken handelt es sich um Kalke, die dicht unter der Oberfläche liegen. Die Paläoströmung kam vom oberen rechten Bildrand (Südosten) und strömte in Richtung zum unteren linken Bildrand (Nord-westen).Heute befinden sich die Ablagerungen des Ur-Rheins in einer Gegend, in der weit und breit kein Fluss zu sehen ist.

Karte auf Seite 33:

Dinotheriensande-Aufschlüsse mit Säugetierfossilien in Rheinhessen. Schwarze Kreise: 1: Steinberg (Napoleonshöhe), 2: Wolfsheim, 3: Vendersheim, 4: Wissberg, 5: Gau-Weinheim, 6: Bermersheim, 7: Heimersheim, 8: Kettenheim, 9: Esselborn, 10: Dintesheim, 11: Eppelsheim, 12: Westhofen. Der lange Pfeil von Südosten nach Nordwesten zeigt die Laufrichtung des Ur-Rheins in Rheinhessen an. Der kurze Pfeil links des Ur-Rheins markiert die Laufrichtung der Ur-Nahe. Der kurze Pfeil rechts des Ur-Rheins soll die Laufrichtung des Ur-Mains veranschaulichen. Im Gegensatz zu dieser Karte von 1983 geht man heute davon aus, dass der Ur-Main zur Zeit der Dinotheriensande kein Nebenfluss des Ur-Rheins in Rheinhessen gewesen ist.
Dinotheriensande-Aufschlüsse ohne Säugetierreste. Offene Kreise: a: Welgesheim-Zotzenheim, b: Dromersheim-Aspisheim, c: Ober-Niederhilbersheim, d: Ockenheim-Laurenziberg, e: Rheingrafenstein (Einzugsgebiet der Ur-Nahe), f: Mainz- Hechtsheim (heute nicht mehr zu den Dinotheriensanden gerechnet).
Diese Karte stammt aus dem Beitrag „Bemerkungen zur Taphonomie der spättertiären Säugerfauna aus den Dinotheriensanden Rheinhessens" (1983) des Mainzer Paläontologen Heinz Tobien (1911–1993).

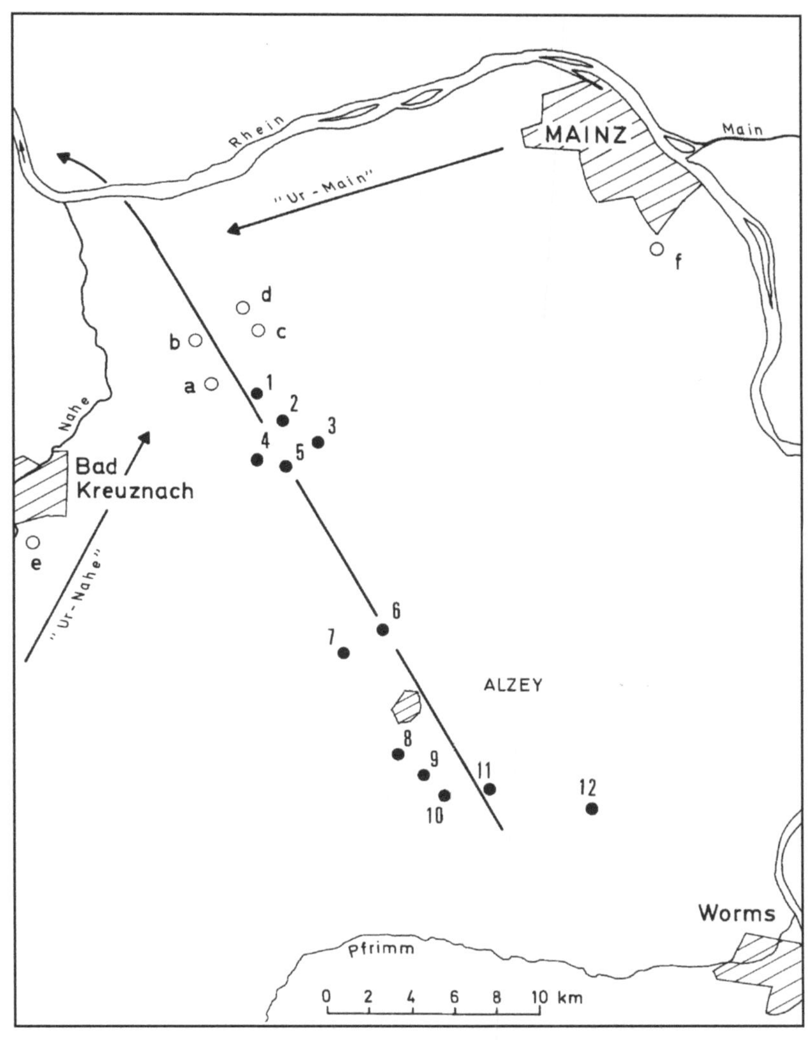
Rhein
MAINZ
Main
"Ur - Main"
f
d
b
c
a
1
2
3
4
5
Nahe
Bad
Kreuznach
"Ur - Nahe"
e
6
7
ALZEY
8
9
11
12
10
Worms
Pfrimm
0   2   4   6   8   10 km

*Luftbild des Dorfes Eppelsheim (Kreis Alzey-Worms): Als ein-
zigartig in Rheinhessen gilt der von einem so genannten Gebück
umgebene Ortskern. Dabei handelt es sich um eine Ringanlage
aus dichtem Gebüsch, die von einem Graben begleitet wird. Früher war dieses Gebüsch mit zahlreichen Ulmen durchsetzt. Weil
Ulmen in Rheinhessen als „Effen“ bezeichnet werden, heißt diese
Ringanlage auch „Effenring“. Nachdem in den 1970-er Jahren
viele Ulmen dem großen Ulmensterben zum Opfer gefallen waren,
ersetzte man diese durch andere Laubbäume.*

Frage: In Rheinhessen kennt man rund ein Dutzend Fundstellen mit Ablagerungen des Ur-Rheins. Welche sind die bedeutendsten?

Antwort: Die bedeutendsten Fundstellen liegen am Wissberg bei Gau-Weinheim, bei Eppelsheim, Westhofen und Esselborn. Sie lieferten bisher die meisten fossilen Wirbeltierfragmente.

Bergung schwergewichtiger Rüsseltier-Funde an der Grabungsstelle des Frankfurter Forschungsinstitutes Senckenberg im Gewann „Auf dem Alzeyer Weg" bei Eppelsheim im Jahre 1999. Dabei kam sogar ein Kran zum Einsatz.

Frage: Die Einwohner des Dorfes Eppelsheim interessieren sich sehr für die Grabungen und Funde in der Gegend ihres Wohnortes. Ist dies der Normalfall?

Antwort: Das Interesse bei den Eppelsheimer Bürgern und Bürgerinnen an der Grabung ist unglaublich groß. Da wird ein Anhänger mit 2000 Liter Wasser für die Schlämmanlage organisiert und natürlich immer auf Verlangen nachgefüllt. Häufig wird Essen aus dem Ort zur Grabungsstelle gebracht oder wir werden in den Ort zum Essen eingeladen. Dabei wechseln sich die Eppelsheimer Familien ab. Das ganze Flair ist freundlich und herzlich. Ich denke, dies ist nicht überall so.

*Oberschädel mit Stoßzähnen des Rhein-Elefanten (Deinotherium),
Abguss im Hessischen Landesmuseum, Darmstadt*

Frage: Welche von den teilweise sehr exotischen Tieren aus der Zeit der Dinotheriensande faszinieren Sie persönlich am meisten?

Antwort: Die imposanten Dinotherien, zumal immer noch nicht ganz klar ist, wozu sie ihre Stoßzähne eingesetzt haben. Man glaubt, dass sie mit ihnen die Rinde der Bäume abgeschabt und höherliegende Äste herunter gezogen haben. Für mich sind diese Tiere besonders faszinierend und was ihre damalige Lebensweise angeht immer noch geheimnisvoll.

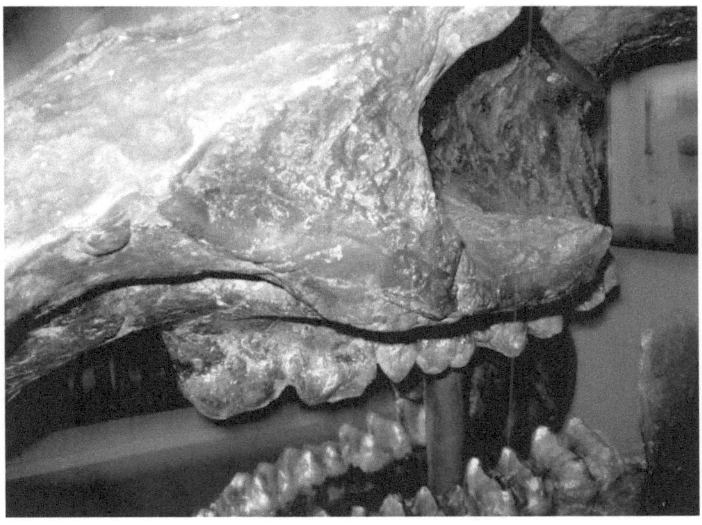

Oberschädel des Rhein-Elefanten (Deinotherium), Abguss im Dinotherium-Museum, Eppelsheim

Menschenaffe (Dryopithecus),
Lebensbild von Pavel Major, Prag

Frage: Glauben Sie, dass in der Gegend von Eppelsheim noch viele bisher unbekannte Tierarten entdeckt werden können?

Antwort: Mit Sicherheit liefern die Dinotheriensande oder Eppelsheimer Formation noch weitere überraschende Funde. Bei der relativ weiten Verbreitung der Eppelsheimer Formation in Rheinhessen kann man noch einige interessante bzw. neue Funde erwarten. Obwohl die Eppelsheim-Formation bisher eine reiche Artenvielfalt geliefert hat, kann man davon ausgehen, dass es noch viele Tierarten gibt, die bisher unentdeckt blieben und weitere Bausteine zur genaueren Rekonstruktion der Paläoökologie und zur biochronologischen Einstufung liefern würden. Neben den bislang wissenschaftlich beschriebenen Arten sind besonders weitere Kleinsäuger-Funde für eine präzisere zeitliche Einstufung der Ablagerungen von Bedeutung. Es sind auch weitere seltene Menschenaffenfunde zu erwarten, deren Entwicklungsgeschichte in Mitteleuropa aus der Zeit der Eppelsheim-Formation wichtige Information zur frühen Stammensgeschichte der Menschheit liefern kann. Deshalb ist das Fortführen von wissenschaftlichen Grabungsarbeiten in der Eppelsheim-Formation von besonderem internationalem Interesse.

Menschenaffe (Paidopithex rhenanus),
Lebensbild von Pavel Major, Prag

Frage: Wie war das Klima am Ur-Rhein vor etwa zehn Millionen Jahren?

Antwort: Es war damals wärmer und bedeutend feuchter als heute. Die mittleren Jahrestemperaturen betrugen 11 bis 15 Grad Celsius gegenüber 10 bis 11 Grad Celsius heute und die durchschnittlichen Jahresniederschläge 1.000 bis 1.200 Millimeter, wobei heute weniger als 500 Millimeter fallen.

Foto auf Seite 45:

Am Ur-Rhein in Rheinhessen lebten im Obermiozän vor etwa zehn Millionen Jahren keine Krokodile. Diesen wärmeliebenden Panzerechsen war es damals in Deutschland bereits zu kalt. Krokodile der Gattung Diplocynodon hatte es noch im Untermiozän vor etwa 20 Millionen Jahren in der Gegend von Mainz und Wiesbaden gegeben.

Frage: Gediehen am Ufer des Ur-Rheins wärmeliebende Palmen und sonnten sich dort Krokodile?

Antwort: Weder Palmen noch Krokodile hätten wir am Ufer des Ur-Rheins angetroffen. Zur Zeit der Ablagerungen der Eppelsheim-Formation war es in dem Gebiet, welches wir als Rheinhessen kennen wärmer und feuchter als heute, aber nicht tropisch genug für Palmenbewuchs. Die drei Krokodil-Zähne die am Wissberg gefunden wurden sind ältere umgelagerte Fossilien aus dem Oligozän.

Eingang zum Dinotherium-Museum in Eppelsheim

Frage: Funde aus Eppelsheim werden in vielen Museen aufbewahrt. Welches Museum besitzt die meisten Fossilien aus Eppelsheim?

Antwort: Bedingt durch die aktuelle Grabung in Eppelsheim durch das Naturhistorische Museum Mainz/Landessammlung Rheinland-Pfalz befinden sich dort derzeit die meisten fossilen Wirbeltierfragmente aus der Eppelsheim-Formation in Rheinhessen.

Tischvitrine im Dinotherium-Museum in Eppelsheim

Das 2001 gegründete Dinotherium-Museum in Eppelsheim (Kreis Alzey-Worms) informiert anschaulich über die exotische Tierwelt am Ur-Rhein vor etwa zehn Millionen Jahren. Im Mittelpunkt der sehenswerten Ausstellung steht ein Abguss des 1835 bei Eppelsheim entdeckten Oberschädels des Rhein-Elefanten (Deinotherium giganteum). „Geistiger Vater" des Dinotherium-Museums ist der frühere Bürgermeister von Eppelsheim, Heiner Roos (rechts).

Frage: „Geistiger Vater" des 2001 gegründeten Dinotherium-Museums in Eppelsheim ist Altbürgermeister Heiner Roos. Hatten Sie bei den Grabungen oft Kontakt mit diesem rührigen Ortschef?

Antwort: Herr Roos ist ein Unikat für sich. Ein freundlicher und hilfsbereiter Mann, der für Eppelsheim und besonders für das Dinotherium-Museum sowie die Grabungsstelle immer tätig ist. Bemerkenswert ist, wie sich Herr Roos in den letzten Jahren, ich kenne ihn schon rund ein Jahrzehnt, in das Thema Dinotheriensande/ Eppelsheim eingearbeitet hat. Dass er Besuchergruppen sehr informativ durch das Eppelsheimer Dinotherium-Museum führt, bleibt da nicht aus.

Säbelzahntiger (Machairodus aphanistus),
Lebensbild von Pavel Major, Prag

Liste der bei Eppelsheim entdeckten Tierarten

(Stand 2008)

Eulipotyphla (Insektenfresser)
Talpa vallesensis VILLALTA & CRUSAFONT 1944
Plesiosorex roosi FRANZEN, FEJFAR & STORCH 2003 **(T)**
Crusafontina kormosi BACHMAYER & WILSON 1970

Primates (Herrentiere)
cf. *Dryopithecus* sp.
Paidopithex rhenanus POHLIG 1895 **(T)**
Rhenopithecus eppelsheimensis (HAUPT 1935) **(T)**

Carnivora (Raubtiere)
Agnotherium antiquum (KAUP 1833) **(T)**
Amphicyon eppelsheimensis WEITZEL 1930 **(T)**
Simocyon diaphorus (KAUP 1832) **(T)**
„*Lutra*" *hessica* LYDEKKER 1890 **(T)**
Ictitherium robustum GERVAIS (1850) **(T)**
Machairodus aphanistus (KAUP 1832) **(T)**
Paramachairodus ogygius (KAUP 1832) **(T)**

Nashorn Aceratherium (oben) und Rhein-Elefant Deinotherium (unten). Lebensbilder des deutschen Tiermalers Heinrich Harder (1858–1935)

Wassermoschustier Dorcatherium (oben) und Pferd Hippotherium (unten). Lebensbilder des deutschen Tiermalers Heinrich Harder (1858–1935)

Rodentia (Nagetiere)
Palaeomys castoroides KAUP 1832 **(T)**

Proboscidea (Rüsselstiere)
Prodeinotherium bavaricum H. v. MEYER 1831
Deinotherium giganteum KAUP 1829 **(T)**
Gomphotherium angustidens (CUVIER 1806)
Tetralophodon longirostris (KAUP 1832) **(T)**
Stegotetrabelodon gigantorostris (KLÄHN 1922)

Perissodactyla (Unpaarhufer)
Tapirus priscus KAUP 1833 **(T)**
Tapirus antiquus KAUP 1833 **(T)**
Aceratherium incisivum KAUP 1832 **(T)**
Brachypotherium goldfussi (KAUP 1834) **(T)**
Dihoplus schleiermacheri (KAUP 1832) **(T)**
Chalicotherium goldfussi KAUP 1833 **(T)**
Hippotherium primigenium (H. v. MEYER 1829) **(T)**

Artiodactyla (Paarhufer)
Propotamochoerus palaeochoerus (KAUP 1833) **(T)**
Conohyus simorrensis (LARTET 1851)
Microstonyx antiquus (KAUP 1833) **(T)**
Dorcatherium naui (KAUP 1834) **(T)**
Euprox furcatus (HENSEL 1859)
Euprox dicranocerus (KAUP 1833) **(T)**
Amphiprox anocerus (KAUP 1833) **(T)**
„Cervus" nanus (KAUP 1839) **(T)**
Miotragocerus cf. *pannoniae* (KRETZOI 1941)

Chelonia (Schildkröten)
Trionyx sp.

Außerdem wurden Fische und Pflanzen gefunden, die nicht näher bestimmbar oder nicht wissenschaftlich bearbeitet sind.

(T) = Typuslokalität ist Eppelsheim

Bei in Klammern gesetzten Autorennamen wurde die betreffende Art ursprünglich unter einer anderen Gattung beschrieben und benannt.

Bild auf Seite 57:

Tierwelt am Ur-Rhein bei Eppelsheim vor etwa zehn Millionen Jahren auf einem Gemälde von Pavel Major aus Prag, das im Auftrag der Gemeinde Eppelsheim angefertigt wurde: Im Vordergrund links und rechts hornlose Nashörner (Aceratherium incisivum), dazwischen dreihufige Ur-Pferde (Hippotherium primigenium) und kleinwüchsige Hirsche (Euprox furcatus). Im Hintergrund rechts eine Herde von Rhein-Elefanten (Deinotherium giganteum), im Hintergrund links auf der anderen Flussseite krallenfüßige Huftiere (Chalicotherium goldfussi).

Literatur zum Thema

Jens Lorenz Franzen / Heiner Roos / Ernst Probst:
Das Dinotherium-Museum in Eppelsheim,
Eppelsheim 2009
Ernst Probst: Deutschland in der Urzeit. Von der
Entstehung des Lebens bis zum Ende der Eiszeit,
München 1986
Ernst Probst: Rekorde der Urzeit. Landschaften,
Pflanzen und Tiere, München 1992
Ernst Probst: Der Ur-Rhein. Rheinhessen vor zehn
Millionen Jahren, München 2009
Ernst Probst: Der Rhein-Elefant, München 2010
Ernst Probst: Krallentiere am Ur-Rhein, München
2010
Ernst Probst: Menschenaffen am Ur-Rhein, München
2010
Ernst Probst: Säbelzahntiger am Ur-Rhein, München
2010
Ernst Probst: Johann Jakob Kaup. Der große
Naturforscher aus Darmstadt, München 2011
Jens Sommer: Sedimentologie, Taphonomie und
Paläoökologie der miozänen Dinotheriensande von
Eppelsheim/Rheinhessen. Doktorarbeit 2007

Autor Ernst Probst

Der Autor Ernst Probst

Ernst Probst, geboren am 20. Januar 1946 in Neunburg vorm Wald im bayerischen Regierungsbezirk Oberpfalz, ist Journalist und Wissenschaftsautor. Er arbeitete von 1968 bis 1971 als Redakteur bei den „Nürnberger Nachrichten", von 1971 bis 1973 in der Zentralredaktion des „Ring Nordbayerischer Tageszeitungen" in Bayreuth und von 1973 bis 2001 bei der „Allgemeinen Zeitung", Mainz. In seiner Freizeit schrieb er Artikel für die „Frankfurter Allgemeine Zeitung", „Süddeutsche Zeitung", „Die Welt", „Frankfurter Rundschau", „Neue Zürcher Zeitung", „Tages-Anzeiger", Zürich, „Salzburger Nachrichten", „Die Zeit", „Rheinischer Merkur", „Deutsches Allgemeines Sonntagsblatt", „bild der wissenschaft", „kosmos", „Deutsche Presse-Agentur" (dpa), „Associated Press" (AP) und den „Deutschen Forschungsdienst" (df). Aus seiner Feder stammen die Bücher „Deutschland in der Urzeit" (1986), „Deutschland in der Steinzeit" (1991), „Rekorde der Urzeit" (1992), „Dinosaurier in Deutschland" (1993 zusammen mit Raymund Windolf) und „Deutschland in der Bronzezeit" (1996). Von 2001 bis 2006 betätigte sich Ernst Probst als Buchverleger sowie zeitweise als internationaler Fossilienhändler. Er veröffentlichte rund 200 Bücher, Taschenbücher, Broschüren und E-Books.

Rekonstruktion der Säbelzahnkatze Machairodus von 1902

Bildquellen

Klaus Benz, Fotograf, Mainz-Laubenheim: 60
Gemeinde Eppelsheim: (Gemälde von Pavel Major,
Prag): 57
Gemeinde Eppelsheim / Förderverein Dinotherium-
Museum Eppelsheim: (Zeichnungen von Pavel
Major, Prag): 1, 18, 22, 23, 40, 42, 50
Forschungsinstitut Senckenberg, Frankfurt am Main:
20
Dr. Jens Lorenz Franzen, Titisee: 8, 13, 36, 48,
(Zeichnung Christine Hemm-Herkner): 28
Dipl.-Ing. Ansgar Hemm, Bad Wildungen: 31
Hessisches Landesmuseum, Darmstadt: 2, 4, 14, 16,
38
Luftbild mit freundlicher Genehmigung der
Gemeinde Eppelsheim (Bürgermeisterin Ute Klenk-
Kaufmann, Eppelsheim): 34
Ernst Probst, Mainz-Kostheim: 24, 27, 39, 46
Reproduktion aus: Tiere der Urwelt (Creatures of the
Primitive World), Series 1 and 2 Illustrated by F. John,
Printed 1902 and 1906(?), Germany: 62
Reproduktion aus: TOBIEN, Heinz: Bemerkungen
zur Taphonomie der spättertiären Säugerfauna aus
den Dinotheriensanden Rheinhessens (Bundes-

republik Deutschland). Aus: Erwin-Rutte-Festschrift, S. 191–200, Kelheim/Weltenburg 1983: 33
Reproduktionen von Gemälden des Tiermalers Heinrich Harder (1858–1935), Berlin: 52 oben, 52 unten, 53 oben, 53 unten
Heiner Roos, Dinotherium-Museum Eppelsheim: 47
Jennifer Scheffler, Bilddatenbank für lizenzfreie Fotos www.pixelo.de: 45
Dr. Jens Sommer, Geologe und Paläontologe, Hannover: 11

Bücher von Ernst Probst

(Auswahl)

Als Mainz noch nicht am Rhein lag

Annie Oakley
Die Meisterschützin des Wilden Westens

Archaeopteryx. Der Urvogel
aus Bayern

Christl-Marie Schultes. Die erste Fliegerin in Bayern
(zusammen mit Theo Lederer)

Cortés und Malinche. Der spanische Eroberer
und seine indianische Geliebte

Der Europäische Jaguar

Der Mosbacher Löwe
Die riesige Raubkatze aus Wiesbaden

Der Rhein-Elefant
Das Schreckenstier von Eppelsheim

Der Schwarze Peter
Ein Räuber im Hunsrück und Odenwald

Der Ur-Rhein
Rheinhessen vor zehn Millionen Jahren

Deutschland im Eiszeitalter

Deutschland in der Frühbronzezeit

Deutschland in der Mittelbronzezeit

Deutschland in der Spätbronzezeit

Die Aunjetitzer Kultur in Deutschland

Die Straubinger Kultur in Deutschland

Die Singener Gruppe

Die Arbon-Kultur in Deutschland

Die Ries-Gruppe und die Neckar-Gruppe

Die Adlerberg-Kultur

Der Sögel-Wohlde-Kreis

Die Säbelzahnkatze Homotherium

Die Säbelzahnkatze Machairodus

Die Schweiz in der Frühbronzezeit

Die Rhône-Kultur in der Westschweiz

Die Arbon-Kultur in der Schweiz

Die Schweiz in der Mittelbronzezeit

Die Schweiz in der Spätbronzezeit

Dinosaurier von A bis K. Von Abelisaurus
bis zu Kritosaurus

Dinosaurier von L bis Z. Von Labocania
bis zu Zupaysaurus

Eiszeitliche Geparde in Deutschland

Eiszeitliche Leoparden in Deutschland

Frauen im Weltall

Hildegard von Bingen. Die deutsche Prophetin

Höhlenlöwen. Raubkatzen
im Eiszeitalter

Julchen Blasius
Die Räuberbraut des Schinderhannes

Katharina II. die Große.
Die Deutsche auf dem Zarenthron

Johann Jakob Kaup
Der große Naturforscher aus Darmstadt

Königinnen der Lüfte in Deutschland

Königinnen der Lüfte in Europa

Königinnen der Lüfte in Amerika

Königinnen der Lüfte von A bis Z

Rund 70 Kurzbiografien berühmter Fliegerinnen,
Ballonfahrerinnen, Luftschifferinnen, Fallschirm-
springerinnen, Astronautinnen und Kosmonautinnen

Königinnen des Tanzes

Malende Superfrauen

Superfrauen 11 – Feminismus und Familie

Superfrauen 12 – Sport

Superfrauen 13 – Mode und Kosmetik

Superfrauen 14 – Medien und Astrologie

Tony und Bruno Werntgen. Zwei Leben für die Luftfahrt
(zusammen mit Paul Wirtz)

Was ist ein Menhir?
Interview mit dem Mainzer Archäologen
Dr. Detert Zylmann

Wer ist der kleinste Dinosaurier?
Interviews mit dem Wissenschaftsautor
Ernst Probst

Wer war der Stammvater der Insekten?
Interview mit dem Stuttgarter Biologen
und Paläontologen Dr. Günter Bechly

Zenobia von Palmyra.
Eine Frau kämpft gegen die Römer

Bestellungen bei: http://www.grin.com